NOTE SUR LA THÉORIE ÉLÉMENTAIRE

DES

MACHINES DYNAMO-ÉLECTRIQUES

PAR

M. E. KOWALSKI

INGÉNIEUR DES ARTS ET MANUFACTURES, LICENCIÉ ÈS SCIENCES PHYSIQUES,
MEMBRE DE LA SOCIÉTÉ FRANÇAISE DE PHYSIQUE.

[Extrait des *Mémoires de la Société des Sciences physiques et naturelles de Bordeaux*,
t. II (3e Série), 2e cahier.]

BORDEAUX

IMPRIMERIE G. GOUNOUILHOU
11, RUE GUIRAUDE, 11

1886

NOTE SUR LA THÉORIE ÉLÉMENTAIRE

DES

MACHINES DYNAMO-ÉLECTRIQUES

PAR M. E. KOWALSKI

INGÉNIEUR DES ARTS ET MANUFACTURES, LICENCIÉ ÈS SCIENCES PHYSIQUES,
MEMBRE DE LA SOCIÉTÉ FRANÇAISE DE PHYSIQUE.

INTRODUCTION

M. Sylvanus P. Thomson a publié récemment un remarquable
ouvrage sur les machines dynamo-électriques. Cet ouvrage vient
d'être traduit par M. Boistel; il renferme une théorie élémentaire
des divers types de machines, basée sur la loi de Frölich relative
à la relation qui existe entre l'intensité du champ magnétique
d'un électro et celle du courant excitateur, loi que M. Thomson
met sous la forme suivante :

$$H = \frac{G\,k\,(V\,i)}{1 + \sigma\,(V\,i)};$$

G, coefficient purement géométrique, dépendant des formes et
dimensions des électro; k, coefficient de perméabilité magnétique
du fer, variable de 2 à 50; σ, un *très petit* nombre dépendant de la
qualité et de la masse des noyaux de fer des électro; $V\,i$, sym-
bole représentant le nombre d'*ampères tours* excitateurs.

Partant de cette relation, M. Thomson l'applique successivement aux machines dites *séries dynamo* et *dynamo en dérivation*.
Puis, passant à l'étude des machines dites *Compound*, très impor-
tantes en pratique, puisque c'est à ce type qu'appartiennent les

machines auto régulatrices permettant de maintenir automatique-
ment une différence de potentiel constante aux bornes pour ne
citer que le cas le plus important, M. Thomson laisse de côté (sauf
à y revenir nous verrons comment) cette relation fondamentale
et prend comme point de départ l'hypothèse de la proportionnalité
de H et de i. Il établit ainsi, page 259 de la traduction française,
uue relation entre la force électro-motrice aux bornes e, les
constantes de la machine, sa vitesse et les intensités i_d et i_a, du
courant parcourant le circuit excitateur dérivé et du courant
engendré dans l'armature rotative génératrice du courant.

Cette relation serait de la forme

$$e = M i_d + i_a (M' - M''),$$

et M. Thomson égale à zéro la quantité $M' - M''$, ce qui lui donne
une *première équation de condition* d'où il déduit la *vitesse
critique* de la machine.

Je remarque d'abord que la valeur de e n'est pas pour cela
constante, car on a $e = M i_d$ et rien ne prouve que i_d soit fixe; de
plus i_d est lui-même proportionnel à e de telle sorte que l'on a, en
définitive, une relation d'où on ne peut tirer la valeur de e.

M. Thomson fait, du reste, remarquer lui-même, page 232 de
la traduction française, l'indétermination résultant de l'hypothèse
$H = k i$. Aussi, dans le cas qui nous occupe, a-t-il recours, pour
déterminer e, au moyen suivant : Observant qu'une machine
Compound devient une série dynamo, si on ouvre la dérivation
ou si on ouvre le circuit extérieur; que, d'autre part, si e est effectivement constant, on trouvera sa valeur, quelle que soit l'hypothèse
particulière sur la résistance extérieure, il déduit e de la formule
obtenue par lui pour la série dynamo en partant de la loi de
Frölich, et introduit ainsi, pour achever le calcul, *une hypothèse
différente de celle admise au début*. La valeur de e ainsi déterminée
lui fournit ensuite une deuxième équation de condition.

Quelle que soit la haute situation et l'autorité de M. Thomson,
ce mode de procéder m'a paru défectueux. D'autre part, il me
semblait que la machine Compound comprenant les deux autres

types comme cas particulier, il était possible d'établir des formules générales déduites de la loi de Frölich et embrassant les trois types ; je me proposais enfin de voir si les conditions mêmes de construction admises dans la pratique ne permettaient pas de réaliser l'autorégulation sans supposer la proportionnalité de H et i que M. Thomson rejette ensuite. — J'ai consacré quelques instants de loisir que me laissaient les vacances à cette recherche, et j'ai été assez heureux pour trouver des formules me donnant comme vérification toutes celles trouvées par M. Thomson dans les divers cas particuliers. J'ai ensuite appliqué la formule générale à l'étude de la question de l'amorçage et du désamorçage des trois types de machines, puis à la recherche de l'équation de la courbe dite *caractéristique,* et établi la relation qui lie ses éléments géométriques aux constantes de la machine.

Dans le courant de ce travail j'emploierai le système de notations indiqué par le tableau ci-après :

Fig. 1.

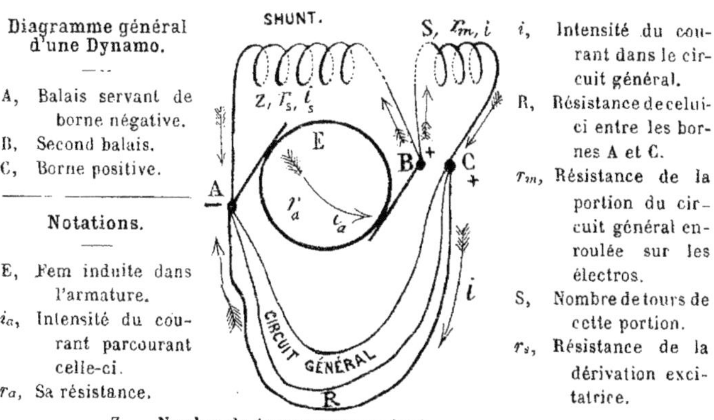

Diagramme général d'une Dynamo.

A, Balais servant de borne négative.
B, Second balais.
C, Borne positive.

Notations.

E, Fem induite dans l'armature.
i_a, Intensité du courant parcourant celle-ci.
r_a, Sa résistance.

i, Intensité du courant dans le circuit général.
R, Résistance de celui-ci entre les bornes A et C.
r_m, Résistance de la portion du circuit général enroulée sur les électros.
S, Nombre de tours de cette portion.
r_s, Résistance de la dérivation excitatrice.

Z, Nombre de tours correspondant.
i_s, Intensité du courant dans cette dérivation (Shunt).
ε, Différence de potentiel entre A et B.
e, Différence de potentiel entre A et C.
n, Nombre de tours, par minute, de l'armature.
H, Intensité du champ magnétique.
K, σ, Coefficients de perméabilité et de saturation magnétique.
A, C, Coefficients de construction.

§ 1. — Établissement de la formule générale

Dans la théorie élémentaire que nous voulons établir, nous négligerons les actions secondaires telles que les réactions de l'armature sur le champ magnétique des électros, etc., etc., ainsi que le fait M. Thomson dans son traité des Dynamo. En vertu des principes fondamentaux de l'induction, la Fem induite dans l'armature est proportionnelle à H et au nombre de tours n. Nous poserons donc $E = n\,A\,H$, A étant un coefficient constant pour une machine donnée.

D'autre part, d'après la loi de Frölich, nous poserons

$$H = GK . \frac{Zi_s + Si}{1 + \sigma(Zi_s + Si)}.$$

En vertu de ces relations, en tenant compte de la loi de Ohm, et de celle des courants dérivés, nous aurons les équations suivantes :

(1) $\qquad i_a = i + i_s.$

(2) $\qquad e = R\,i.$

(3) $\qquad \varepsilon = r_s i_s.$

(4) $\qquad \varepsilon = (r_m + R)i.$

(5) $\qquad E - \varepsilon = r_a i_a.$

(6) $\qquad H = G\,(Zi_s + Si)\,\dfrac{K}{1 + \sigma(Zi_s + Si)}.$

(7) $\qquad E = n\,A\,H.$

(8) $\qquad E = \left(r_a + \dfrac{(R + r_m)r_s}{R + r_m + r_s}\right) i_a.$

Le facteur entre parenthèses étant la résistance du circuit complexe formé par l'armature le Shunt et le reste du circuit.

Des éléments à déterminer à l'aide de ce système d'équations, le plus important, pour notre but du moins, est la différence de potentiel e aux bornes de la machine.

Les équations (1), (2), (3) donnent

$$i_a = \frac{e}{R} + \frac{\varepsilon}{r_s}$$

$$ - 5 - $$

et, tenant compte de (4),

$$ i_a = \frac{e}{R} + \frac{1}{r_s}(R + r_m)\frac{e}{R} = \frac{e}{R} \cdot \frac{R + r_m + r_s}{r_s}. $$

Substituant dans (8), il vient, après réduction,

$$ E = \frac{e}{R r_s}\left[(R + r_m)(r_a + r_s) + r_a r_s\right]. $$

Les équations (2), (3) et (4) donnent, d'autre part,

$$ i_s = e \cdot \frac{R + r_m}{R r_s}. $$

Substituant dans l'équation (6), on a

$$ H = GK\frac{e}{R}\left(Z\frac{R + r_m}{r_s} + S\right) \cdot \frac{1}{1 + \sigma\dfrac{e}{R}\left(Z\dfrac{R + r_m}{r_s} + S\right)}, $$

et posant $R + r_m = \rho$, il vient]

$$ H = GKe\,\frac{Z\rho + Sr_s}{Rr_s + \sigma e(Z\rho + Sr_s)}, $$

d'où, d'après l'équation (7), la nouvelle valeur de E

$$ (9) \qquad E = n\,AGKe\,\frac{Z\rho + Sr_s}{Rr_s + \sigma e(Z\rho + Sr_s)}. $$

Égalant les deux valeurs trouvées pour E et supprimant le facteur commun e, on a, en posant $n\,AGK = P$:

$$ P\,\frac{Z\rho + Sr_s}{Rr_s + \sigma e(Z\rho + Sr_s)} = \frac{1}{Rr_s}\left[\rho(r_a + r_s) + r_a r_s\right], $$

d'où l'on tire

$$ e = \frac{Rr_s}{\sigma} \cdot \frac{P(Z\rho + Sr_s) - \rho(r_a + r_s) - r_a r_s}{(Z\rho + Sr_s)\left[\rho(r_a + r_s) + r_a r_s\right]} $$

et

$$ (10) \qquad e = \frac{1}{\sigma} \cdot \left[\frac{PRr_s}{\rho(r_a + r_s) + r_a r_s} - \frac{Rr_s}{Z\rho + Sr_s}\right] $$

La valeur de e étant ainsi obtenue, les équations (9), (2), (4), (3), (1) donneront successivement les quantités E, i, ε, i_s, i_a. On connaîtra donc tous les éléments de fonctionnement de la machine.

---

§ 2. — Examen des cas particuliers.

1° Si nous supposons le circuit extérieur ouvert, c'est-à-dire si nous supposons R $= \infty$, la machine fonctionne comme une série Dynamo, où r_s représente la résistance extérieure totale, et où e coïncide avec la différence de potentiel ε aux balais. Faisant dans la formule générale (10) S $= 0$, R et ρ infinis et observant que le rapport $\dfrac{R}{\rho}$ a pour limite l'unité, on trouve

$$(11) \qquad \varepsilon = e = \frac{r_s}{\sigma}\left[\frac{P}{(r_a + r_s)} - \frac{1}{Z}\right],$$

formule utilisée par M. Thomson pour trouver la différence de potentiel aux bornes d'une Compound régulatrice, d'après la remarque faite au début de cette note.

2° *Série dynamo.* — Pour obtenir la formule applicable à ce type de machines, il suffit de supposer $r_s = \infty$; dans la formule générale, la valeur de e peut s'écrire

$$e = \frac{R}{\sigma}\left[\frac{P}{\rho\left(\dfrac{r_a}{r_s} + 1\right) + r_a} - \frac{1}{Z\dfrac{\rho}{r_s} + S}\right].$$

L'hypothèse $r_s = \infty$ nous donnera, en nous rappelant que $\rho = R + r_m$,

$$(12) \qquad e = \frac{R}{\sigma}\left(\frac{P}{R + r_m + r_a} - \frac{1}{S}\right).$$

C'est précisément la formule établie directement par Thomson pour ce genre de machines, page 228 de la traduction française.

3° *Shunt-dynamo*. — Nous devrons supposer dans notre formule générale $S = 0$, $r_m = 0$ et par suite $\rho = R$, ce qui nous donne

$$(13) \qquad e = \frac{r_s}{\sigma}\left[\frac{P\,R}{R(r_a + r_s) + r_a r_s} - \frac{1}{Z}\right].$$

Cette formule diffère par la forme de celle établie directement par Thomson, page 240 de la traduction française, mais on peut facilement la ramener à celle-ci.

On peut écrire

$$e = \frac{1}{\sigma}\left[\frac{P}{\dfrac{R(r_a + r_s) + r_a r_s}{R\,r_s}} - \frac{r_s}{Z}\right],$$

la fraction

$$\frac{R(r_a + r_s) + r_a r_s}{R\,r_s} = \frac{r_a}{r_s} + \frac{r_s}{r_s} + \frac{r_a}{R},$$

et remplaçant $\dfrac{r_s}{r_s} = 1$ par $\dfrac{r_a}{r_a}$ et mettant r_a en facteur commun, on pourra écrire

$$(13^{bis}) \qquad e = \frac{1}{\sigma}\left[\frac{P}{r_a\left(\dfrac{1}{R} + \dfrac{1}{r_a} + \dfrac{1}{r_s}\right)} - \frac{r_s}{Z}\right].$$

C'est la forme donnée par Thomson.

---

§ 3. — De la Self-régulation.

Si l'on examine les conditions de construction des machines autorégulatrices à potentiel constant aux bornes, on arrive, d'après les chiffres mêmes fournis par M Thomson, aux conclusions suivantes :

1° r_a et r_m sont des quantités très petites, leur produit est donc négligeable.

2° La résistance extérieure *variable* R a en général une valeur notable. Ainsi, un ensemble de 192 lampes Edison disposées sur *autant* de circuits séparés en dérivation sur les bornes présente. rait encore une résistance R *au moins* égale à 0,88. Nous pourrons donc supposer la fraction $\dfrac{r_m}{R}$ toujours négligeable devant l'unité.

3° Le nombre de tours Z est *considérable* par rapport au nombre de tours S, de telle sorte que la quantité $S\left(\dfrac{r_s}{R}\right)^2(r_a + r_m)$, évidemment négligeable devant la quantité $Z\dfrac{r_s}{R}(r_a + r_m)$ pour des valeurs un peu fortes de R, est encore faible par rapport à celle-ci même pour des valeurs un peu inférieures à l'unité et *exception- nelles,* telle que celle indiquée ci-dessus; nous pourrons donc négliger le premier de ces termes devant le second.

Sous le bénéfice de ces conditions résultant des *données mêmes de construction,* nous allons pouvoir, sans changer la base fonda- mentale de nos calculs, en continuant par conséquent à adopter la loi de Frölich, établir et la possibilité et les conditions mêmes de l'autorégulation.

En négligeant le produit $r_a r_m$, la formule générale (10) peut s'écrire :

$$e = \frac{r_s}{\sigma}\left[\frac{P}{(r_a + r_s) + \dfrac{r_s}{R}(r_m + r_a)} - \frac{1}{Z\left(1 + \dfrac{r_m}{R}\right) + S\dfrac{r_s}{R}}\right],$$

et négligeant maintenant $\dfrac{r_m}{R}$ devant l'unité

$$e = \frac{r_s}{\sigma}\left[\frac{P}{(r_a + r_s) + \dfrac{r_s}{R}(r_a + r_m)} - \frac{1}{Z + S\dfrac{r_s}{R}}\right];$$

réduisant au même dénominateur et effectuant, il vient

$$e = \frac{r_s}{\sigma}\left[\frac{PZ + PS\dfrac{r_s}{R} - (r_a + r_s) - \dfrac{r_s}{R}(r_m + r_a)}{Z(r_a + r_s) + Z\dfrac{r_s}{R}(r_a + r_m) + S\dfrac{r_s}{R}(r_a + r_s) + S\left(\dfrac{r_s}{R}\right)^2(r_m + r_a)}\right]$$

Négligeant alors au dénominateur le terme en $\frac{1}{R^2}$, il vient

$$e = \frac{r_s}{\sigma}\left[\frac{PZ - (r_a + r_s) + \frac{r_s}{R}[PS - (r_a + r_m)]}{Z(r_a + r_s) + \frac{r_s}{R}[Z(r_m + r_a) + S(r_a + r_s)]}\right],$$

et posant, pour simplifier,

$$r_a + r_s = \lambda, \qquad r_a + r_m = \mu,$$

on a

$$(14) \qquad e = \frac{r_s}{\sigma}\left[\frac{(PZ - \lambda) + \frac{r_s}{R}(PS - \mu)}{\lambda Z + \frac{r_s}{R}(\mu Z + \lambda S)}\right].$$

Ceci posé, pour que e soit indépendant de R, il faut et il suffit d'avoir

$$\frac{PZ - \lambda}{\lambda Z} = \frac{PS - \mu}{\mu Z + \lambda S},$$

relation qui donne

$$(15) \qquad P = \frac{\lambda^2 S}{\mu Z^2}.$$

Telle est la *condition du self-régulation*. — Comme $P = n\,AGK$ et que AGK est une constante pour une machine donnée, on voit que cette condition s'interprète, en disant qu'il faut, pour l'auto-régulation, que la machine possède une vitesse déterminée par ses conditions de construction. Cette vitesse a été désignée sous le nom de *vitesse critique*.

Cette condition étant supposée remplie, la valeur constante de e devient

$$(16) \qquad e_1 = \frac{r_s}{\sigma}\left(\frac{P}{\lambda} - \frac{1}{Z}\right).$$

Remarque. — Si l'on se rappelle que $\lambda = r_a + r_s$, on voit que cette valeur de e coïncide avec celle fournie par la formule (11). Ce qui est une vérification de nos calculs, puisque si e est effectivement constant, on doit trouver cette valeur même si le circuit extérieur est ouvert.

En éliminant P entre les relations (15) et (16), on obtient facilement

$$(17) \qquad e_1 = \frac{r_s}{\sigma} \cdot \frac{\lambda S - \mu Z}{\mu Z^2}.$$

Cette nouvelle forme donnée à e_1 nous conduit à la remarque suivante : σ et μ étant des quantités très petites, leur produit $\sigma \mu$ est excessivement faible, le dénominateur de e_1 est donc un nombre très petit. Si donc on veut, et c'est ce qui a toujours lieu, obtenir pour e_1 une valeur tant soit peu considérable, le numérateur lui-même devra être très petit; mais la quantité r_s est toujours assez notable (1000 à 1500 r_a), il faut donc que la quantité $\lambda S - \mu Z$ soit un très petit nombre.

Le rapport $\dfrac{S}{Z}$ doit donc être peu différent du rapport $\dfrac{\mu}{\lambda}$ ou de $\dfrac{r_a + r_m}{r_a + r_s}$; et comme r_s est fort grand par rapport à r_a et r_m, on voit que S doit être très petit par rapport à Z. Condition de construction que nous avons admise et dont nous voyons maintenant la raison.

M. Thomson est conduit par son procédé de calcul à la même relation, ou du moins à poser rigoureusement $\lambda S - \mu Z = 0$. Ce qui est peu différent de notre résultat.

Si nous admettons avec cet auteur l'égalité

$$(18) \qquad \frac{S}{Z} = \frac{\mu}{\lambda} = \frac{r_a + r_m}{r_a + r_s},$$

notre formule (16) se simplifie et l'on trouve pour la condition d'autorégulation

$$(19) \qquad P = \frac{\mu}{S} \quad \text{ou} \quad P = \frac{r_a + r_m}{S},$$

valeur très simple qui coïncide avec celle obtenue tout autrement par M. Thomson, page 259 de la traduction française.

§ 4. — De l'Amorçage et du Désamorçage des Dynamo.

Si on calcule, en partant de la formule fondamentale (10), la valeur de la Fem induite par une dynamo, on trouve dans tous les cas une expression de la forme

$$E = \frac{1}{\sigma} \left[P - f(R,X) \right].$$

X étant une quantité dépendant des éléments de construction de la machine et R désignant la résistance extérieure, E devant être positif, la machine ne fonctionnera qu'autant que l'on aura $P > f(R,X)$.

D'où

$$n > \frac{1}{AGK} f(R,X).$$

L'influence de R sur la vitesse d'amorcement varie du reste suivant le type de la machine.

1° *Série dynamo.* — On trouve facilement

$$E = \frac{1}{\sigma} \left(P - \frac{R + r_a + r_m}{S} \right).$$

La condition de fonctionnement est donc

$$P > \frac{R + r_a + r_m}{S}.$$

On voit que P et par suite la vitesse n d'amorcement croît avec R, et qu'on pourra toujours désamorcer une machine fonctionnant à une vitesse donnée en augmentant suffisamment la résistance R.

2° *Shunt dynamo.* — En posant $r_a + r_s = r$ (Résistance intérieure totale), on a

$$E = \frac{1}{\sigma} \left(P - \frac{r_a r_s + R r}{R Z} \right).$$

La condition de fonctionnement est donc :

$$P > \frac{1}{Z}\left(r_a \frac{r_s}{R} + r\right).$$

Dans ces machines P et par suite n varient en sens inverse de la résistance R ; c'est en diminuant celle-ci qu'on peut les désamorcer. Cette différence capitale entre les deux catégories de machines s'explique du reste *a priori*, en observant que la machine se désamorce lorsque l'intensité du courant excitateur des électros devient très faible.

3° *Compound dynamo*. — En posant $R + r_m = \rho$, on a :

$$E = \frac{1}{\sigma}\left[P - \frac{\rho(r_a + r_s) + r_a r_s}{Z\rho + Sr_s}\right]$$

où

$$E = \frac{1}{\sigma}\psi.$$

On a

$$\frac{d\psi}{d\rho} = \frac{(r_a + r_s)Sr_s - Zr_a r_s}{(Z\rho + Sr_s)^2},$$

et le signe de cette dérivée dépend du signe du numérateur

$$(r_a + r_s)Sr_s - Zr_a r_s,$$

et par suite du rapport $\frac{S}{Z}$ des nombres de tours excitateurs en série ou en dérivation.

Ces machines se comporteront donc suivant les cas, au point de vue de l'amorçage, comme la série ou comme les Shunt dynamo.

Si l'on a

$$\frac{S}{Z} = \frac{r_a}{r_a + r_s},$$

$\frac{d\psi}{d\rho}$ sera nul et la vitesse d'amorçage sera indépendante de la résistance extérieure.

§ 5. — De la Caractéristique.

Pour une vitesse déterminée une dynamo présente *à ses bornes*, pour une résistance extérieure R donnée, une différence de potentiel, ou fem, e, donnant naissance dans le circuit extérieur à un courant d'intensité i correspondante et nous avons les deux équations simultanées $\begin{cases} e = R\,i \\ e = f(R) \end{cases}$, f étant une fonction que nous avons calculée pour les trois types de machines. En éliminant R entre ces deux équations, nous obtiendrons une équation $\varphi(e, i)$ subsistant pour toutes les valeurs de R et ne dépendant pour une vitesse donnée que des éléments de construction de la machine. Si on trace la courbe correspondante, on a une courbe à laquelle M. Despretz a donné le nom de *caractéristique*. L'expérience permet de la tracer par points, mais je me propose ici d'en déterminer l'équation, en négligeant bien entendu comme ci-dessus les actions secondaires et admettant la loi de Frölich, puis d'en déduire quelques conséquences remarquables. Il est bien évident d'abord que pour une dynamo autorégulatrice à potentiel constant aux bornes, cette courbe est une droite parallèle à l'axe des i; et pour des machines bien établies les résultats expérimentaux s'écartent très peu de ceux de la théorie (Voir, p. 321 de la traduction française les caractéristiques des machines Gülcher et Schuckert Mordey). Pour les deux autres types de machine nous allons les examiner successivement.

1° *Série dynamo*. — En posant $r_a + r_m = r$ et $\dfrac{1}{S} = T$, on aura à éliminer R entre les deux équations

$$\begin{cases} e = R\,i, \\ e = \dfrac{R}{\sigma}\left(\dfrac{P}{R + r} - T\right). \end{cases}$$

La deuxième équation peut s'écrire $(\sigma e + TR)(R + r) = PR$; l'élimination est immédiate et donne, après simplification,

$$(\sigma i + T)(e + ri) = P\,i.$$

La courbe est une hyperbole. Elle passe par l'origine. Les coordonnées du centre sont

$$\left\{ \begin{aligned} i_c &= -\frac{T}{\sigma}, \\ e_c &= \frac{P + rT}{\sigma}. \end{aligned} \right.$$

L'une des asymptotes est la droite $\sigma i + T = 0$; et la seconde est parallèle à la droite $e + ri = 0$. On connaît donc tous les éléments de cette courbe en fonction des constantes de la machine.

Réciproquement, on voit que quatre observations permettront (l'origine étant un point de la courbe) de déterminer la courbe et l'on pourra alors obtenir géométriquement les éléments essentiels de celle-ci; et par suite on pourra obtenir les constantes d'une machine construite.

Si nous supposons connus 1° le nombre de tours S, d'où T; 2° le rapport $\dfrac{r_a}{r_m}$, nous aurons successivement:

(*a*) La résistance intérieure $r = r_a + r_m$ par le coefficient angulaire $\dfrac{e}{i}$ de l'asymptote oblique aux axes; et r étant connu, nous aurons r_a et r_m;

(*b*) Le rapport $\dfrac{T}{\sigma}$, d'où la constante σ de saturation nous sera donnée (au signe près) par l'abscisse du point où l'asymptote parallèle à l'axe des e coupera celui des i;

(*c*) L'ordonnée e_c du centre $\left(\dfrac{rT + P}{\sigma}\right)$ nous donnera P pour la vitesse n des expériences. Le quotient $\dfrac{P}{n}$ nous donnera alors le produit A G K *qui se présente dans les calculs comme une constante unique*. Celle-ci connue, en la multipliant par n on aura P pour toute vitesse imprimée à la machine.

On a donc en définitive toutes les constantes caractéristiques de la machine.

2° *Shunt dynamo.* — Une marche tout à fait identique,

c'est-à-dire l'élimination très simple de R entre les deux équations

$$\left\{ \begin{aligned} e &= R\,i, \\ e &= \frac{R\,r_s}{\sigma}\left(\frac{P}{\rho^2 + R\,r} - \frac{T}{R}\right), \end{aligned}\right.$$

où l'on a posé

$$r_a + r_s = r, \qquad r_a\,r_s = \rho^2, \qquad \frac{1}{Z} = T,$$

donne pour équation de la caractéristique

$$(\sigma e + T\,r_s)\,(\rho^2 i + r e) - P\,r_s e = 0.$$

C'est encore une hyperbole passant par l'origine.

Les coordonnées du centre en sont

$$\left\{ \begin{aligned} e_c &= \frac{T\,r_s}{\sigma}, \\ i_c &= \frac{T + P\,r}{\sigma\,r_a}. \end{aligned}\right.$$

L'une des asymptotes $\sigma e + T\,r_s = 0$ est parallèle à l'axe des i.
La deuxième est parallèle à la droite $\rho^2 i + r e = 0$.

La courbe peut être comme ci-dessus déterminée par quatre points fournis par quatre observations; et l'on en déduira comme suit les constantes de la machine, connaissant Z ou son inverse T et le rapport $\dfrac{r_s}{r_a}$.

(a) Le coefficient angulaire $\dfrac{e}{i}$ de l'asymptote oblique aux axes

$$\left(-\frac{r_s}{1 + \dfrac{r_s}{r_a}}\right)$$ nous donnera r_s d'où r_a.

(b) L'ordonnée $\left(-\dfrac{T\,r_s}{\sigma}\right)$ du pied sur l'axe des e de l'autre asymptote nous fournira la constante σ de saturation.

(c) Enfin l'abscisse du centre $\dfrac{1}{\sigma}\left(\dfrac{P + T\,r}{r_a}\right)$ nous donnera P, d'où la constante A G K.

Remarque 1. — Dans les deux cas, la portion de la courbe répondant au point de vue physique est évidemment celle qui répond à des valeurs $+$ des variables e et i, c'est-à-dire celle qui est située dans l'angle des coordonnées positives. Si on cherche les intersections de la courbe et des axes, on voit que, l'origine mise à part, et tenant compte des conditions d'amorçage trouvées plus haut, la courbe coupe les axes savoir : celui des i en un point dont l'abscisse est positive dans le cas de la série dynamo ; celui des e en un point d'ordonnée positive pour la Shunt dynamo. Cette remarque achève de préciser l'allure de la courbe représentée figure 2 pour le premier cas, figure 3 pour le second.

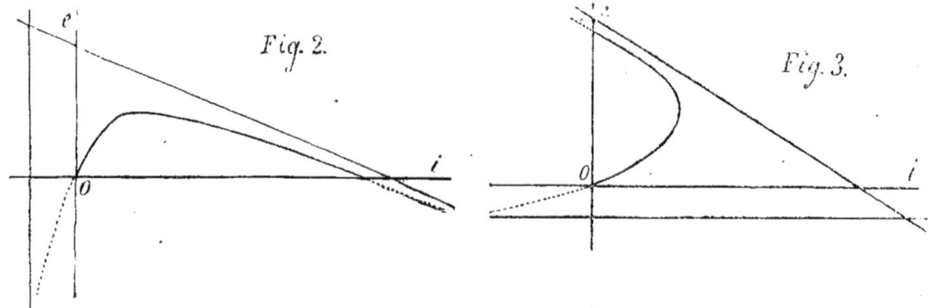

En se reportant aux diagrammes donnés par Thomson pages 302, 313 de la traduction française, on voit que l'expérience donne des résultats s'approchant assez de ceux du calcul pour que l'écart puisse être attribué aux réactions secondaires que nous avons sciemment négligées.

Remarque 2. — Comme il est facile de transformer une machine Compound en une série ou une Shunt dynamo (il suffit d'ouvrir dans le premier cas la dérivation et dans le second de mettre les bornes B et C en relation directe par un conducteur de résistance pratiquement nulle), on pourra toujours obtenir les caractéristiques relatives à ces deux modes de fonctionnement, et obtenir les constantes de la machine par la considération de ces deux courbes.

[Extrait des *Mémoires de la Société des Sciences physiques et naturelles de Bordeaux*, t. II (3e Série), 2e cahier.]

Bordeaux. — Imp. G. GOUNOUILHOU, rue Guiraude, 11.

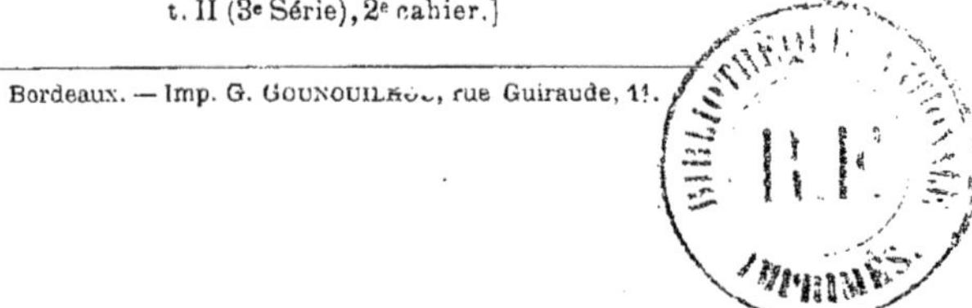

Bordeaux. — Imp. G. GOUNOUILHOU, rue Guiraude, 11.